新锐设计师的最新力作

客厅设计广场

Sitting Room Design Square

经济客厅

《客厅设计广场》编写组/编

机械工业出版社
CHINA MACHINE PRESS

客厅是家庭聚会、休闲的重要场所，是最能体现居室主人个性的居室空间，也是访客停留时间最长、关注度最高的区域，因此，客厅装饰装修是现代家庭装饰装修的重中之重。为顺应家装市场对客厅装修的整体设计、材料选择、装修细节及注意事项上的图书需求，《客厅设计广场》应运而生。

本系列图书分为现代客厅、中式客厅、欧式客厅、雅致客厅和经济客厅五类，根据不同的装修风格对客厅整体设计进行了展示。本系列图书共精选2000个客厅装修经典案例，图片信息量大，这些案例图集均选自国内知名家装设计公司所倾情推荐给业主的客厅设计方案，全方位呈现了这些项目独特的设计思想和设计要素，为客厅设计理念提供了全新的灵感。本系列图书针对每个方案均标注出该设计所用的主要材料，使得读者对装修主材的装饰效果有了更直观的视觉感受。针对客厅装修中读者最为关心的问题，作者从整体设计、精心选材、标准施工等方面进行了归纳，有针对性地配备了大量通俗易懂的实用小贴士。

图书在版编目（CIP）数据

客厅设计广场. 经济客厅 / 《客厅设计广场》编写组编.
— 北京 ：机械工业出版社，2013.5
ISBN 978-7-111-42420-8

Ⅰ．①客… Ⅱ．①客… Ⅲ．①客厅－室内装饰设计－图集 Ⅳ．①TU241-64

中国版本图书馆CIP数据核字（2013）第093909号

机械工业出版社（北京市百万庄大街22号 邮政编码 100037）
策划编辑：宋晓磊　　　　　　责任编辑：宋晓磊
责任印制：乔　宇
北京汇林印务有限公司印刷

2013年6月第1版第1次印刷
210mm×285mm · 6印张 · 150千字
标准书号：ISBN 978-7-111-42420-8
定价：29.80元

Contents

目录

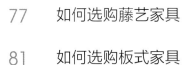

客厅如何装修最省钱 🔍

　　客厅地面可采用造价便宜、工艺上运用多种艺术装饰手段的水泥做装饰材料；墙面可不做背景墙，利用肌理涂料、水泥造型及整体家具代替单独的背景墙；购买整体家具可以省去做电视背景墙的费用；客厅吊顶可以简单化，甚至可以不做吊顶。小客厅可以使用色彩淡雅明亮的墙面涂料，让空间显得更加宽敞。

密度板拓缝　　　　　　　　　米色玻化砖

石膏板拓缝

水曲柳饰面板

彩绘玻璃　　　　　条纹壁纸

白桦木饰面板　　　　　　　　白枫木饰面板

肌理壁纸

印花壁纸

木纹大理石

镜面陶瓷锦砖

条纹壁纸

车边银镜

灰白色网纹玻化砖

米黄色网纹大理石　　　　　　　　　　　　　　　　灰白色网纹玻化砖

茶色镜面玻璃　　　　　　　水曲柳饰面板

银镜装饰线

木踢脚线刷白

印花壁纸　　　　　　　　　米黄色网纹大理石

密度板雕花贴灰镜　　　　米色玻化砖

印花壁纸

木纹大理石

木纹玻化砖

白色人造大理石

客厅如何布局最省钱 🔍

　　事实上,传统的客厅的装修是不省钱的,虽然布局大多是一个电视背景墙的对面放两三张沙发,中间一个茶几。但那些建材都不省钱,而且这种布局显得很死板、单调。如果改掉这种死板的摆设和布局方式,改换另一种灵活且更有氛围的方式,不仅可以省去不少呆板装修的花费,还能够享受另一种新鲜而健康的生活方式。例如,将电视机从墙上"搬"下来,放在一个带有滑轮、可以方便移动的带抽屉的电视柜上,可以随心放置在任何地方;沙发也可以根据聊天、沟通的需要而改换摆放布局。

雕花黑玻璃　　　　　　　　　　　　实木地板

艺术墙贴

雕花银镜

白枫木饰面板

雕花黑玻璃

装饰银镜

中花白大理石

白色玻化砖

黑色烤漆玻璃

条纹壁纸

白色人造大理石

密度板雕花贴清玻璃

白色玻化砖　　手绘墙饰

密度板拓缝

银镜装饰线　　肌理壁纸

白色人造大理石　　有色乳胶漆　　黑胡桃木饰面板　　混纺地毯

混纺地毯　　　　　　　　强化复合木地板

有色乳胶漆

强化复合木地板

实木地板

米色亚光玻化砖

镜面陶瓷锦砖 ·····

米色木纹大理石 ·····

肌理壁纸 ·····

米色网纹玻化砖 ·····

泰柚木饰面板

白色人造大理石 　　　　　　密度板树干造型

绯红网纹大理石

白枫木装饰立柱

彩绘玻璃

水曲柳饰面板

白色人造大理石

不锈钢条

如何设计简洁的小客厅 🔍

对于面积较小的客厅,一定要做到简洁,如果放置几件橱柜,将会使小空间显得更加拥挤。如果在客厅中摆放电视机,可将固定的电视柜改成带轮子的低柜,以增加空间利用率,而且还具有较强的变化性。小客厅中可以使用装饰品或摆放花草等物品,但力求简单,能起到点缀效果即可,尽量不要放置铁树等大盆栽。很多人希望能将小客厅装饰成宽敞的视觉效果,对此,可在设计顶棚时不做吊顶,将玄关设计成通透的,以尽量减少空间占有。

艺术墙贴　　米黄色网纹大理石

黑色烤漆玻璃

羊毛地毯

白枫木饰面板

仿古砖

茶色镜面玻璃

白枫木饰面板拓缝

强化复合木地板

水曲柳饰面板

米色抛光墙砖

有色乳胶漆

车边银镜

木质窗棂造型

雕花银镜

肌理壁纸

装饰灰镜

茶镜装饰线

白枫木板格栅

灰镜装饰线

黑胡桃木饰面板

白色玻化砖

木纹大理石

黑色烤漆玻璃

茶色烤漆玻璃　　　　　　　　　　水曲柳饰面板

木纹大理石

黑色烤漆玻璃　　　水曲柳饰面板

混纺地毯

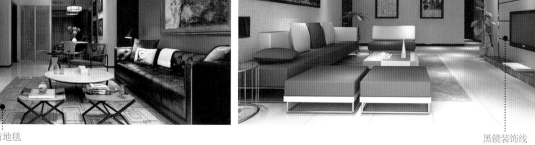

黑镜装饰线

客厅如何兼作餐厅 🔍

　　在客厅中设置一个就餐区，也就是通常所说的客厅兼作餐厅的布局。一般将餐厅家具设计在离厨房最近的一端，以免给饭菜的端来端去增添麻烦。为了达到餐厅与客厅在空间上有所间隔的视觉效果，可以通过透空的隔架或半高的食品柜及沙发的组合摆设来实现。这些布局必须为居住者在室内活动留出合理的空间，如果面积有限，可以把餐桌用做工作台或棋牌桌，这样一来，客厅与餐厅就合二为一了。

黑色烤漆玻璃

浅咖啡色网纹大理石

陶瓷锦砖

白枫木装饰线

肌理壁纸

米黄色大理石

印花壁纸 ……………………

米色大理石 ……………………

黑白根大理石 ……………………

白枫面板格栅 ……………………

仿古砖 ……………………

石膏板肌理造型

银镜装饰线

黑色烤漆玻璃

中花白大理石

白色人造大理石

印花壁纸

灰白色网纹玻化砖

白色玻化砖

聚酯玻璃　　　　　　　　　　　　　　　　　米白色玻化砖

白桦木饰面板

石膏板异形背景

木纹大理石　　　　　　　　　　　　聚酯玻璃砖　　水曲柳饰面板

白桦木饰面板   仿古砖

木纹大理石

米色玻化砖

米黄色大理石

车边茶镜

灰白亚面墙砖拼贴

黑色烤漆玻璃

茶色镜面玻璃

强化复合木地板

仿古砖

艺术地毯

米黄色大理石

中花白大理石

黑镜装饰线

桦木饰面百叶

浅米色大理石

客厅沙发墙如何设计最省钱

可以到旧货市场淘些风格独特的小架子，重新粉刷上具有田园风格的色彩，把它们装饰在墙面上。美观的餐盘，不舍得用于盛放食物，那么就把它们装裱起来挂在墙上展示吧；或者将不同大小、不同颜色、不同风格的盘子集中展示在墙面上，呈现出特殊的艺术效果。将一扇旧门粉刷上新的颜色，使之成为一件艺术品倚靠在墙上……

深咖啡色网纹玻化砖

中花白大理石

茶镜装饰线

肌理壁纸

中花白大理石

彩绘玻璃　　仿文化砖壁纸

有色乳胶漆

泰柚木饰面板

米黄色亚光墙砖

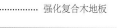
强化复合木地板

白枫木装饰线

装饰灰镜

白色人造大理石

仿古砖

木纹大理石

黑色烤漆玻璃

密度板雕花贴清玻璃

白色乳胶漆　　　　　　　　　　　　　陶瓷锦砖

条纹壁纸

雕花银镜

装饰灰镜

米黄色亚光墙砖　　　　　　　　　　陶瓷锦砖

密度板雕花贴灰镜

肌理壁纸

黑镜装饰线

灰白色洞石

米色亚光地砖　　　　　　车边银镜

白色乳胶漆

仿木纹玻化砖

条纹壁纸

灰白色网纹玻化砖

米色玻化砖

混纺地毯

怎样用手绘图案来装饰墙面

　　手绘墙的装饰图案有很多,植物、动物、卡通、风景等,究竟哪些最适合您家庭装修的风格呢?不是什么好看就用什么,而是根据房间的整体色调,居住的人群,居室的风格而定。手绘墙本身主要起装饰的作用。与传统的墙纸相比,手绘的方式灵活、有趣且颜色更丰富,更容易让人融入自然,可以减少一天工作的疲劳,更能提高人的审美情趣,让艺术更贴近生活。

密度板雕花吊顶

装饰灰镜

黑色烤漆玻璃

灰白色洞石

水曲柳饰面板

印花壁纸

艺术地毯　　　　　　木纹大理石

皮纹砖

白色玻化砖

混纺地毯

米黄色玻化砖

雕花银镜

木纹壁纸

黑色烤漆玻璃

艺术墙贴

白枫木饰面板

白枫木百叶

条纹壁纸

白色玻化砖

印花壁纸

强化复合木地板

米黄色玻化砖

石膏板拓缝

肌理壁纸　　　　　　　　　　白色人造大理石拓缝

灰白色网纹玻化砖　　　有色乳胶漆

茶镜装饰线　　　浅咖啡色网纹大理石　　　雕花清玻璃

强化复合木地板　　　白枫木饰面板拓缝

仿古砖

羊毛地毯

装饰灰镜

密度板拓缝

怎样利用手绘墙弥补室内空间的不足 🔍

　　一些室内空间由于结构上或是功能上的需要使得某些局部在视觉上存在缺陷。当今的很多开发商为了在面积上节省空间，在套内结构的设计上都显得很拥挤、凌乱，为了更大的利润，为了能在有限的面积中设计出更多的户型，出现了很多不规矩的户型。另外，一些原本整洁的区域内出现了管道等不和谐的因素。这些先天就有缺陷的空间很需要一些有针对性的手绘墙来弥补。我们可以在管道周围画出缠绕的植物形象，从而使得管道不那么突兀、刺眼；可以在建筑结构中不谐调的地方画上装饰物，从而使墙体的视觉效果合理化等。

深咖啡色网纹大理石

白色人造大理石

米黄色大理石

印花壁纸

艺术墙贴

深咖啡色网纹大理石

黑色烤漆玻璃

云纹大理石

钢化玻璃

水曲柳饰面板

条纹壁纸

仿古墙砖

雕花黑玻璃　　　　　　　白枫木格栅

灰色亚光玻化砖

黑色烤漆玻璃

泰柚木饰面板

白色人造大理石

强化复合木地板

艺术墙贴

实木地板

黑镜装饰线

木纹大理石

肌理壁纸

木质搁板 ·······

鹅卵石 ·······

黑镜装饰线 ·······

钢化玻璃搁板 ·······

泰柚木饰面板

密度板雕花隔断

印花壁纸

白色玻化砖

装饰银镜

羊毛地毯

米色釉面砖

密度板雕花贴银镜

米黄色玻化砖

如何选用无框磨边镜面来扩大客厅视野

　　水银镜面是延伸和扩大空间的好材料。可是，如果用得太多了，或者使用的地方不合适，就会适得其反，要么变成练功房，要么成了高级化妆间。因此，镜面忌用到客厅的主体墙装饰上，特别是不适宜大面积使用；其次，镜面面积不应超过客厅墙面面积的2/5；最后，镜面的造型要选择简单的。还有一点要特别提醒大家，安装结束后，边口的打胶处一定要处理干净，使其整洁且牢固，这样才美观、安全。

雕花清玻璃

石膏板肌理造型

米色亚光玻化砖

条纹壁纸

密度板拓缝

印花壁纸

米黄色洞石　　　　茶镜装饰线

黑镜装饰线

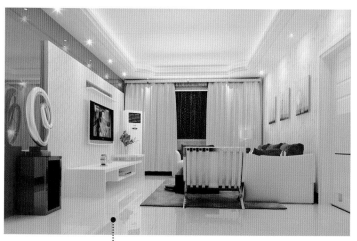

白色玻化砖

雕花烤漆玻璃

印花壁纸

装饰银镜

印花壁纸

白枫木饰面板

银镜装饰线

浅咖啡色网纹大理石

车边银镜

肌理壁纸

装饰硬包

米黄色亚光玻化砖

肌理壁纸

中花白大理石

如何增加客厅墙面的收纳功能

　　将墙面做成装饰柜的式样是当下比较流行的装饰手法，它具有收纳功能，可以敞开，也可以封闭，但整个装饰柜的体积不宜太大，否则会显得厚重而拥挤。有的年轻人为了突出个性，甚至在装饰柜门上即兴涂鸦，这也是一种独特的装饰手法。这种做法真的很实用，很适合小物品或书籍较多而又没有书房的年轻人。

米色抛光墙砖

白枫木饰面板拼贴

装饰灰镜

胡桃木格栅

印花壁纸

装饰硬包

黑白根大理石　　　　　　　　　　　混纺地毯

木纹大理石

雕花清玻璃

印花壁纸

银镜装饰线

黑白根大理石 ········

艺术墙贴 ········

白色亚光墙砖 ········

白色玻化砖 ········

装饰硬包

灰白色网纹玻化砖

条纹壁纸

木纹玻化砖

石膏板雕花吊顶

白枫木饰面板

钢化清玻璃

中花白大理石

小户型客厅的装饰品摆放应该注意什么 🔍

　　小客厅的墙面要尽量留白，因为为了保障收纳空间，房间中已经有很多高柜，如果在空余的墙面再挂些饰品或照片，就会在视觉上过于拥挤。如果觉得墙面因缺乏装饰而缺少情趣，可以选择房间内主色调中的一个色彩的饰品或装饰画，在色调上一定不要太出格，不要因为更多色彩的加入而让空间显得杂乱。适当地降低饰品的摆放位置，让它们处于人体站立时视线的水平位置之下，既能丰富空间情调，又能减少视觉障碍。

印花壁纸

米黄色洞石

白色人造大理石

陶瓷锦砖

印花壁纸

米色网纹大理石

实木地板

印花壁纸

仿古砖

印花壁纸

米黄色洞石

石膏板拓缝

彩色烤漆玻璃 ·········

肌理壁纸 ·········

雕花黑玻璃 ·········

茶色烤漆玻璃 ·········

密度板拓缝　　　　白枫木板格栅

云纹大理石

鹅卵石

印花壁纸

密度板雕花贴银镜

白枫木饰面板

印花壁纸

小户型客厅的家具摆放应该注意什么

　　小户型居室在家具安排上一定不要贪大，要量力而行，力求简约。在家具的摆放上也有一定的学问，要事先考虑到人行通道与家具之间的关系，让家具与主人活动的空间保持一定距离，尽量避免在空间上发生冲突。在小户型客厅中，家具的占地面积最好不要超过地面面积的1/6，家具的材料可以适当选择一些透明或者半透明的材质，家具的体量能够满足使用要求即可。

　　比如沙发，可以选择只有坐垫和靠背，而无扶手的款式，看上去会轻巧很多；再如电视柜的选用，其实在一块悬挑板上摆放必要的音响就可以，从立面构成线的造型，简洁明快；柜子尽量选择有柜门的，这样在视觉上更完整、更整齐。

肌理壁纸

仿古砖

车边银镜

桦木饰面板

石膏板肌理造型

银镜装饰线

印花壁纸　　　　　　　　　白枫木装饰立柱

黑镜装饰线

密度板拓缝

密度板雕花

白枫木饰面板

密度板雕花

条纹壁纸

肌理壁纸

羊毛地毯

黑色烤漆玻璃

木纹壁纸

肌理壁纸

白色玻化砖

密度板雕花灯槽

实木地板

中花白大理石

强化复合木地板

米黄色大理石

混纺地毯

白色玻化砖

条纹壁纸

装饰硬包

印花壁纸

不锈钢条　　　　　　　　密度板雕花贴灰镜　　　　　米色大理石

白色玻化砖

黑色烤漆玻璃

条纹壁纸

密度板拓缝

小户型客厅家具选购应该注意什么 🔍

　　小型家具比一般家具要占用较少的使用面积，令人感觉空间似乎变大了。小客厅首选的家具是低矮型的沙发。这种沙发有低矮的设计，没有扶手，流线型的造型，摆放在客厅中感觉空间更加流畅。根据客厅面积的大小，可以选用三人、两人或1+1型的，再配上小圆桌或迷你型的电视柜，让空间感觉宽敞。同时，沙发床也是小户型必备。沙发床可以充当座椅的功能；有客人入住，展开沙发床，铺上被褥就是一张睡床。目前市场上的沙发床可分为将椅背拉平的折叠式和靠滑轨拖拉伸缩的拖拉式，床架的折叠和展开过程易于操作。收起后的沙发床显得非常精巧而不笨拙，一般都比当做床使用时所占面积均缩小了近二分之一，坐在上面的舒适感与真正的沙发一样。

密度板造型隔断

白色玻化砖

木纹大理石

米色网纹玻化砖

米黄色网纹大理石

仿古砖

石膏板拓缝

印花壁纸

米黄色亚光玻化砖

石膏板拓缝

印花壁纸

米黄色网纹大理石

黑胡桃木饰面板

米色亚光玻化砖

密度板雕花贴清玻璃

钢化玻璃

中花白大理石　　　　雕花烤漆玻璃

密度板雕花贴清玻璃

木纹釉面砖

黑白根大理石

白枫木树干造型

如何购买环保家具 🔍

1.看材质、找标志。购买家具前，要考虑好选用家具的材料，是选用实木还是人造板材。一般来说，实木家具给室内造成污染的可能性较小。此外，要看家具上是否有国家认定的"绿色产品"标志，有这个标志的家具都可以放心购买和使用。

2.购买知名品牌。在与销售人员讨价还价的时候，不要忘了询问家具生产厂家的情况。一般来说，知名品牌、有实力的大厂家所生产的家具出现污染问题的情况比较少。

3.小心刺激性气味。挑选家具时，一定要打开家具，闻一闻里面是否有刺激性气味，这堪称判定家具是否环保的最有效方法。如果刺激性气味很大，就证明家具采用的板材中含有很多的游离性甲醛等有毒物质，购买后会污染室内空气，危害身心健康。

4.摸摸家具。如果通过以上三个办法仍难以判定家具是否环保，不妨摸摸家具的封边是否严密。严密的封边会把游离性甲醛密闭在板材内，减少室内空气污染。

装饰灰镜

混纺地毯

米色玻化砖

印花壁纸

米色亚光网纹玻化砖

白枫木装饰立柱

仿古砖

泰柚木饰面板

木纹玻化砖

实木地板

肌理壁纸

印花壁纸

创意搁板

密度板雕花隔断

车边黑镜

黑胡桃木搁板

车边银镜

装饰灰镜

白枫木树干造型

中花白大理石

如何选购实木家具

在选购实木家具时，首先，向销售商询问家具是否为"全实木"，何处使用了密度板；其次看柜门、台面等主料表面的花纹、疤结是否里外对应，必要时要检查一下表层是否为贴上去的。用手敲几下木面，实木制件会发出较清脆的声音，而人造板则声音低沉。最后也是最重要的一步就是闻一下家具。多数实木家具带有树种的香气，松木有松脂味，柏木有柏香味，樟木有很明显的樟木味，但纤维板、密度板则会有较浓的刺激性气味，尤其是在柜门或抽屉内，两者比较容易区分。

印花壁纸

米色网纹玻化砖

白色玻化砖

密度板雕花贴银镜

条纹壁纸

米黄色网纹大理石

印花壁纸

灰白色网纹玻化砖

黑镜装饰线

白枫木格栅

白色玻化砖

密度板拓缝

肌理壁纸

中花白大理石

黑色烤漆玻璃　　　　　强化复合木地板

艺术地毯　　　　　　　　　　　　　　　　米黄色大理石

黑胡桃木搁板

白枫木饰面板

车边银镜

印花壁纸

如何选购沙发 🔍

1.考虑舒适性。沙发的座位应以舒适为主,其坐面与靠背均应适合人体生理结构。

2.注意因人而异。对老年人来说,沙发坐面的高度要适中。若太低,坐下、起来都不方便;对年轻夫妇来说,买沙发时还要考虑到将来孩子出生后的安全性与耐用性,沙发勿要有尖硬的棱角,颜色选择鲜亮活泼一些为宜。

3.考虑房间大小。小房间宜用体积较小或小巧的实木或布艺沙发;大客厅摆放较大沙发并配备茶几,更显舒适大方。

4.考虑沙发的可变性。由5~7个单独的沙发组合成的组合沙发具有可移动性、变化性,可根据需要变换其布局,随意性较强。

5.考虑与家居风格相协调。沙发的面料、图案、颜色要与居室的整体风格相统一。先选购沙发,再购买其他客厅家具,也是一个不错的选择。

黑色烤漆玻璃

装饰灰镜

混纺地毯

灰白色洞石

密度板拓缝

仿古砖

印花壁纸

白色玻化砖

樱桃木窗棂造型

米黄色大理石

密度板雕花贴清玻璃

白枫木格栅贴黑玻璃

木纹玻化砖　　　　　白色人造大理石

水曲柳饰面板

黑镜装饰线

银镜装饰线　　　　　石膏板拓缝

白枫木窗棂造型　　　　印花壁纸

条纹壁纸

密度板树干造型　　　　茶色烤漆玻璃

雕花冰裂纹玻璃

实木地板

装饰灰镜

米黄色网纹大理石

白色人造大理石

茶色烤漆玻璃

强化复合木地板

黑镜装饰线

泰柚木搁板

中花白大理石

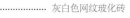

灰白色网纹玻化砖

石膏板拓缝

装饰灰镜

如何选购藤艺家具

1. 细看材质，如藤材表面起皱纹，说明该家具是用幼嫩的藤加工而成，韧性差、强度低，容易折断和腐蚀。藤艺家具用材讲究，除用云南的藤以外，好多藤材来自印度尼西亚、马来西亚等东南亚国家，这些藤质地坚硬，首尾粗细一致。

2. 用力搓搓藤杆的表面，特别注意节位部分是否有粗糙或凹凸不平的感觉。印度尼西亚地处热带雨林地区，终年阳光雨水充沛，火山灰质土壤肥沃，那里出产的藤以材质饱满匀称而著称。

3. 可以用双手抓住藤家具边缘，轻轻摇一下，感觉一下框架是不是稳固；看一看家具表面的光泽是不是均匀，是否有斑点、异色和虫蛀的痕迹。

黑镜装饰线

印花壁纸

黑胡桃木饰面板

印花壁纸　　　　　　密度板雕花隔断

茶色烤漆玻璃

白枫木饰面板

羊毛地毯

白枫木饰面板

装饰银镜

条纹壁纸

肌理壁纸

仿古砖

印花壁纸

白色玻化砖

条纹壁纸

羊毛地毯

米黄色玻化砖

装饰银镜

白色乳胶漆

印花壁纸

仿古砖

装饰灰镜

胡桃木饰面板

如何选购板式家具 🔍

1.表面质量。选购时主要看表面的板材是否有划痕、压痕、鼓泡、脱胶起皮和胶痕迹等缺陷；木纹图案是否自然流畅，不要有人工造作的感觉。

2.制作质量。板式家具在制作中是将成型的板材经过裁锯、装饰封边、部件拼装组合而成的，其制作质量主要看裁锯质量、边和面的装饰质量及板件端口质量。

3.金属件、塑料件的质量。板式家具均用金属件、塑料件作为紧固连接件，所以金属件的质量也决定了板式家具内在质量的好坏。金属件要求灵巧、光滑、表面电镀处理好，不能有锈迹、毛刺等，配合件的精度要求更高。

4.甲醛释放量。板式家具一般以刨花板和中密度纤维板为基材。消费者在选购时，打开门和抽屉，若能闻到有一股刺激性异味，造成眼睛流泪或引起咳嗽等状况，则说明家具中甲醛释放量超过标准规定，不能选购这类的家具。

密度板雕花贴清玻璃

灰白色网纹玻化砖

米黄色网纹大理石

条纹壁纸

米色网纹抛光墙砖

水曲柳饰面板

有色乳胶漆

白枫木饰面板

白色玻化砖

装饰硬包

石膏板拓缝

印花壁纸

泰柚木饰面板

中花白大理石

强化复合木地板

银镜装饰线　　　米色亚光网纹玻化砖

仿古砖

木纹大理石

米黄色网纹玻化砖

装饰灰镜

白色人造大理石

如何选购金属家具

1. 要注意家具的外观。市场上的金属家具一般为两类：电镀家具和烤漆类家具。电镀家具，对它的要求应是电镀层不起泡，不起皮，不露黄，表面无划痕。烤漆类家具，要保证漆膜不脱落，无皱皮，无疙瘩，无磕碰和划伤的痕迹。

2. 在选购以钢管为主的折叠床、折叠沙发时，要注意钢管的管壁不允许有裂缝、开焊，弯曲处无明显皱褶，管口处不得有刃口、毛刺和棱角。

3. 金属部件和钢管的连接要牢固，不能出现松动现象。螺钉帽要光滑平坦，无毛刺，无锉伤。

4. 购买金属家具前，要打开试用，检查四脚落地是否平稳一致，折叠产品要保证折叠灵活，但不能有自行折叠现象。

白枫木饰面板拓缝

强化复合木地板

黑色烤漆玻璃

黑镜装饰线

装饰硬包

皮纹砖

白枫木饰面板

桦木饰面板

黑胡桃木装饰线

有色乳胶漆

车边黑镜

水曲柳饰面板

米黄色网纹大理石

装饰银镜

泰柚木饰面板

木纹亚光玻化砖

装饰灰镜

白枫木装饰线

白色人造大理石

白色玻化砖

茶镜装饰线

密度板雕花贴灰镜

米黄色网纹玻化砖

密度板树干造型

如何选购仿古家具

　　购买仿制的古典家具时，要在材质上分清是花梨木还是鸡翅木，是红木还是紫檀木的，这都很有讲究。如果一件古典家具标明是红木或是紫檀木的，而价格却很便宜，那一定不是真的。如果标价符实，还要看它的具体材质，因为每一种材料也分高、中、低档。如果看上了一件价格不菲的古典家具，更要找个懂行的人同去。选购时，要仔细检查家具的每一处外观和细部，如古典家具的脚是否平稳、成水平状；榫头的结合紧密度，查看是否有虫蛀的痕迹；抽屉拉门开关是否灵活；接合处木纹是否顺畅等。

白枫木饰面板

仿古砖

雕花茶玻璃

中花白大理石

马赛克

泰柚木饰面板

米黄色大理石

混纺地毯

强化复合木地板

灰镜装饰线

印花壁纸

印花壁纸

深咖啡色网纹大理石

有色乳胶漆

白枫木装饰立柱

银镜装饰线

黑镜装饰线

如何选购进口家具

　　首先，看是否有海关报关单；其次，一般进口商会有生产厂家的质量保证书；然后是要购买那些信誉好、有经济实力并且如遇质量问题能够承担责任的经销商的产品。消费者在挑选家具时要注意看边角、家具的每一组合处是否协调、组合缝是否严密。一般国内家具仿冒进口家具时，制作上由于技术标准低，工艺达不到要求，家具的接合处易出现高低不平、漆面不光滑、光洁度差等情况；另外，进口家具的五金组合件上一般都有国外品牌的商标，且光亮度好。

实木地板

装饰黑镜

灰白色网纹亚光玻化砖

白枫木装饰立柱

轻钢龙骨装饰横梁

装饰灰镜